AF452323

SPÉCIFIQUE

AUSSI RAPIDE QU'INFAILLIBLE

POUR

La Guérison de la Maladie des Moutons, connue sous le nom de *Pesogne* ou *Piétain*, vulgairement *Mal-Blanc*, et improprement *Fourchet*;

PAR M. MOREL DE VINDÉ,

Correspondant de l'Institut de France, membre des Sociétés d'Agriculture de Paris et de Versailles, correspondant de celles de Jemmapes et de Lille.

PARIS,

DE L'IMPRIMERIE ET DANS LA LIBRAIRIE
DE MADAME HUZARD (née VALLAT LA CHAPELLE),
RUE DE L'ÉPERON, Nº. 7.

1812.

Extrait des Annales de l'Agriculture fran-
çoise, tome XLVIII.

SPÉCIFIQUE

Aussi rapide qu'infaillible pour la guérison de la Maladie des Moutons, connue sous le nom de Pesogne *ou* Piétain, *vulgairement* Mal-blanc, *et improprement* Fourchet.

Ce Mémoire a été lu à la première Classe de l'Institut, le Lundi 16 décembre 1811.

La Classe daignera se rappeler que, dans le mémoire que j'ai eu l'honneur de lui lire le 18 mars dernier sur l'existence de quelques animaux microscopiques comme cause de plusieurs maladies des moutons, j'avois considéré le mal de pied, connu sous le nom de *pesogne* ou *piétain*, comme la suite de l'invasion d'animaux microscopiques, véritables chiques du mouton. Cette première idée m'a conduit à trouver pour guérir cette maladie un spécifique certain, dont l'effet est aussi rapide qu'infaillible.

Je m'empresse d'en faire part à la Classe et de le rendre public, dans le moment où cette maladie redouble ses ravages avec le plus de violence et de danger.

J'ai cherché à tuer l'animal parasite, sans être obligé d'ouvrir le pied du mouton et d'y faire une plaie longue et quelquefois dangereuse, et j'ai eu le bonheur d'y réussir de la manière la plus prompte et la plus certaine.

La *pesogne* (ou *piétain*) ne s'est généralement répandue en France que depuis huit à dix ans ; on sait qu'elle se manifeste par une espèce de panaris qui vient sous la corne du pied, près de sa naissance et ordinairement à l'un des deux côtés intérieurs de la fourchette.

Si l'abcès qui se forme n'est point traité, il gagne l'intérieur du pied, et en peu de temps carie les os du pied et même de la jambe, et finit par causer la mort du mouton. Avant qu'on eût trouvé les premiers moyens curatifs, un célèbre agronome de Genève perdit en un seul hiver la moitié de son troupeau. Bientôt on imagina l'emploi des plus violens caustiques, et on parvint à empêcher les plus graves effets de la maladie; dans ces derniers temps, on la maîtrisoit d'une manière satisfaisante, mais pénible et douloureuse, par l'emploi de l'acétate de plomb li-

quide , vulgairement dit extrait de saturne
pur , saturé de sulfate de cuivre , vulgairement dit vitriol bleu , jusqu'à consistance de
pâte liquide.

Mais , pour employer ce remède, il falloit
tailler la corne jusqu'au vif , mettre les
chairs et l'abcès à découvert , il en résultoit
une plaie profonde que les caustiques brû-
loient ; la bête boitoit long-temps , non plus
du mal même , mais de la plaie et de ses
suites ; elle avoit sur-tout dans les deux premiers jours du traitement une fièvre si vio-
lente que les brebis perdoient leur lait , lors-
que ce traitement leur devenoit nécessaire
au moment de l'agnelage. En 1809 , j'ai perdu
trente agneaux morts de faim auprès de leurs
mères privées de leur lait par cet accident.
En 1808 , j'avois eu à-la-fois huit cents pieds
malades , et cinq hommes occupés jour et
nuit à les panser ; ces soins m'avoient em-
pêché de perdre aucunes bêtes , mais la fa-
tigue du troupeau et des hommes fut ex-
trême , et l'invasion de la *pesogne* étoit un
véritable malheur dans tous les troupeaux
qu'elle attaquoit. Dans l'hiver 1811 , l'étude
que j'avois été forcé de faire de cette maladie , me conduisit à conjecturer la pré-

*

sence d'un animal parasite dans le pied du mouton, et par suite à essayer de faire périr cette chique sans tailler le pied du mouton, et sans lui causer ni plaie, ni fièvre.

Voici comment j'y suis parvenu.

J'ai bien nettoyé le pied boiteux, puis, quand il a été nécessaire, j'ai légèrement paré et aminci la corne avec un canif, mais toutefois sans aller jusqu'au vif, ni mettre les chairs et l'abcès à découvert.

Souvent le seul nettoyage et toujours l'amincissement m'ont fait voir facilement le lieu de l'abcès, indiqué par une place blanche et éliptique, se prolongeant dans le sens de la longueur de la corne.

J'ai passé sur cette place blanche les barbes d'une plume imbibée d'acide nitrique (vulgairement eau-forte pure du commerce) une ou deux fois de suite au plus, en allant d'un sens et de l'autre ; il s'est échappé une légère fumée, l'eau forte a pénétré à travers la corne jusqu'à l'animal parasite qu'elle a fait périr, et sans faire autre chose la bête a été guérie. Quelques heures après elle ne boite plus, et très-rarement j'ai été obligé de recommencer deux fois ce facile traitement.

Avant de publier ce moyen curatif , j'ai voulu m'assurer de son efficacité par une longue expérience; depuis un an je l'emploie seul dans mon troupeau avec un succès constant et sans une seule exception ; j'ai eu plus de cinquante bêtes boiteuses , et pas une seule plaie , pas un seul accident.

Dans ce moment même, au milieu de mon agnelage , époque où mon troupeau avoit été si cruellement fatigué les années précédentes, j'ai eu vingt-huit brebis attaquées de la *pesogne* , et pas une seule n'a boité plus de quelques heures , aucune n'a eu de fièvre et n'a perdu son lait. Au moyen de cette légère application de l'eau-forte et de ce pansement si facile et si prompt , la maladie disparoît à l'instant même où elle se manifeste, et la *pesogne* n'est plus rien pour mon troupeau, et ne sera bientôt plus rien , je l'espère, pour tous les autres.

Pour faciliter l'usage de ce moyen curatif aux bergers les moins habiles , je vais , en employant les noms vulgaires, donner en formule la manière dont je l'emploie.

Prenez une fiole ou flacon d'eau - forte pure.

Bouchez avec un bouchon de cire.

Fichez au-dessus de ce bouchon une plume bien barbue , les barbes restant en l'air et non plongées dans l'eau-forte.

Aussitôt qu'une bête boite , retournez-là, examinez le pied dont elle boite, nettoyez-le soigneusement avec un instrument tranchant ; si ce nettoyage ne vous fait pas voir suffisamment la place blanche qui indique le lieu de l'abcès , parez le pied assez légèrement pour ne jamais aller jusqu'au vif , et amincissez la corne le moins possible , mais seulement assez pour reconnoître la place blanche , que l'usage fait d'ailleurs découvrir très-vite.

Sitôt que que vous l'apercevez , débouchez le flacon d'eau-forte , puis sans quitter le bouchon retournez-le, plongez les barbes de la plume dans l'eau-forte , de manière à ce qu'elles soient bien imbibées , laissez-les égoutter dans la fiole pour que les gouttes ne causent pas d'accidens , puis passez les barbes de la plume ainsi imbibées sur la place blanche de la corne une ou deux fois, d'un sens et de l'autre ; il s'élèvera un légère fumée , et l'eau-forte aura suffisamment pénétré.

Rebouchez la fiole , et remettez la bête sur pied , elle est guérie.

Si , ce qui est très-rare , la bête boitoit encore le lendemain , recommencez la même opération , en cherchant avec plus de soin la véritable place blanche , indicative du lieu de l'abcès.

FIN.

www.ingramcontent.com/pod-product-compliance
Lightning Source LLC
LaVergne TN
LVHW012232170726
843503LV00010B/4381